Coltivare per Profitto

CONTENUTI

1   Introduzione   5

2   Zafferano   6

3   Piante medicinali   8

4   Piante aromatiche   15

5   Frutta esotica   21

6   Idroponica   27

7   Funghi   29

8   Coltivazione biologica   32

9   Conclusioni   34

Introduzione

Nel mondo dell'agricoltura, la ricerca della sostenibilità economica è sempre stata una sfida affascinante. Oggi, più che mai, l'interesse per le colture redditizie e sostenibili sta crescendo a ritmi straordinari. Questo libro si propone come una preziosa risorsa per coloro che desiderano esplorare le opportunità che il settore agricolo offre e desiderano comprendere le tendenze che plasmano il futuro dell'agricoltura.

Un libro pensato per essere un punto di partenza, una bussola che indichi le direzioni più promettenti verso cui orientare la propria ricerca e i propri sforzi agricoli. Sebbene non sia una guida dettagliata, è arricchito da spunti e dati fondamentali che aiutano a comprendere le colture che stanno guadagnando terreno sul mercato globale e quelle che potrebbero mostrare un potenziale di crescita significativo nel prossimo futuro.

Attraverso pagine ricche di informazioni, esploreremo un ampio spettro di colture redditizie, tra cui piante medicinali come la curcuma, l'echinacea e il ginseng, piante aromatiche come la vaniglia, il cardamomo e il coriandolo, e frutti esotici come il goji, il physalis e l'açaí. Per ognuna di queste colture, forniremo una panoramica delle condizioni ideali di coltivazione, dei requisiti agronomici, e delle possibili prospettive di mercato.

Inoltre, ci soffermeremo su come l'idroponica, una tecnica innovativa di coltivazione su substrato acquoso, possa rappresentare un'opportunità per gli agricoltori moderni, ottimizzando la resa delle colture e riducendo l'impatto ambientale.

Va sottolineato che, nonostante l'ampio spettro di informazioni presentate, questo libro è solo una panoramica introduttiva. Ogni coltivazione richiede un approfondimento specifico, poiché la redditività dipende da diversi fattori, come il clima, il mercato, le tecniche colturali e le competenze dell'agricoltore.

Per chiunque sia interessato a intraprendere un viaggio verso un'agricoltura più prospera e sostenibile, questo libro può essere il punto di partenza ideale. Speriamo che sia una fonte d'ispirazione per avventurarsi nel mondo delle coltivazioni promettenti e sia una guida fondamentale per affrontare scelte informate, mirate al successo economico e all'impatto positivo sull'ambiente.

1. Zafferano: "Oro Rosso della Terra"

La coltivazione dello zafferano può trasformare il tuo terreno in una miniera d'oro. Con un prezzo per grammo che supera spesso l'oro, questa spezia pregiata è molto richiesta in cucina e nell'industria dei profumi.

Lo zafferano (crocus sativus) è una pianta erbacea biennale appartenente alla famiglia delle iridacee e al genere crocus. Per conoscere meglio le sue caratteristiche botaniche, dobbiamo esaminare le sue parti principali: il bulbo (o cormo), i getti che emergono dal terreno, le foglie che costituiscono la parte aerea della pianta e, infine, i fiori che saranno raccolti.

Lo zafferano si riproduce solo tramite i bulbi, mentre i fiori sono sterili. Il bulbo tubero, correttamente chiamato "cormo," è coperto da una tunica filamentosa e contiene gemme che daranno vita ai getti, mentre nella parte inferiore nascono le radici. Ogni anno, il bulbo madre si moltiplica, dando origine a nuovi cormi, poiché la specie di crocus sativus si propaga agamicamente.

Esiste solo un tipo di zafferano: il crocus sativus. Altre spezie, come la curcuma e il cartamo, vengono utilizzate come sostituti dello zafferano, ma sono completamente diverse sia a livello botanico che culinario.

La pianta ha radici sottili e bianche, lunghe circa 10 cm, che sono fondamentali per l'approvvigionamento di sostanze nutritive. Quando il bulbo esce dal periodo di dormienza, emette germogli chiamati getti o spate, che danno origine alle foglie e, successivamente, ai fiori.

Le foglie sono lunghe e sottili, di un bel colore verde smeraldo, e svolgono la fotosintesi clorofilliana. Esse vivono dall'apertura del getto fino alla moltiplicazione del bulbo e sono importanti per ingrossarlo.

La fioritura avviene una volta all'anno, tra ottobre e novembre, e ogni fiore ha sei tepali di colore viola. Il fiore è sterile e non produce frutti o semi, pertanto, la propagazione avviene solo per divisione dei bulbi.

Lo zafferano è una pianta annuale, la cui attività vitale inizia alla fine dell'estate con la crescita dei bulbi e la successiva emissione di getti. La fioritura avviene in autunno, e la pianta continua a crescere fino alla primavera, quando le foglie si seccheranno. Da maggio a fine agosto, i bulbi sono in riposo vegetativo, ma a settembre germoglieranno per iniziare un nuovo ciclo colturale.

La pianta di zafferano è annuale, ma al termine del suo ciclo vitale origina nuovi bulbi che daranno vita ad altre piante. Non esistono altre specie di crocus selvatiche o spontanee che possono essere utilizzate come spezia. Lo zafferano non è velenoso, anche se un dosaggio eccessivo può essere letale per l'essere umano.

Coltivazione

La coltivazione dello zafferano richiede una corretta preparazione del terreno. È preferibile selezionare un terreno ben drenato e non troppo umido, evitando di piantare in zone in cui sono stati coltivati fiori dei bulbi in precedenza o della stessa famiglia del Crocus sativus. Prima della semina, è consigliabile concimare il terreno con letame vecchio o compost verde.

La scelta dei bulbi di zafferano è cruciale per garantire una buona fioritura. I bulbi biologici, coltivati senza prodotti chimici, sono certificati biologici, mentre quelli convenzionali sono coltivati con un uso limitato di prodotti chimici. Bulbi di dimensioni maggiori assicurano una fioritura migliore nel primo anno.

La piantagione dei bulbi avviene tra luglio e ottobre, preferibilmente in terreni con un'estate temperata o fresca. È essenziale creare una base di coltura scavando trincee dove disporre i bulbi, mantenendo una distanza adeguata tra di essi e tra le file.

Il ciclo vegetativo del Crocus sativus comprende diverse fasi, dalla fase dormiente alla formazione del germoglio, alla fioritura e produzione di foglie, alla crescita delle foglie e dei nuovi bulbi, fino all'appassimento delle foglie.

Durante la coltivazione, è importante proteggere i bulbi e il raccolto dagli animali selvatici. Si possono adottare diverse misure, come la recinzione, l'uso di piante odorose, vibrazioni o ultrasuoni.

Dopo alcuni anni di coltivazione, i bulbi possono essere estratti dal terreno e ripiantati in un terreno fresco per favorire la fioritura e la produttività dello zafferano. La raccolta dei fiori avviene tra la metà e la fine di ottobre, e i pistilli vengono rimossi manualmente e successivamente essiccati per la conservazione. Il processo di essiccazione può avvenire su carboni ardenti, su griglie da forno o in essiccatori speciali. Infine, i fili di zafferano vengono conservati in contenitori ermetici in un luogo fresco, asciutto e buio, mantenendo la loro qualità per un anno e mezzo o due.

Se volete un libro molto più approfondito sullo zafferano vi consigliamo "*Zafferano e Profitto, una guida seria per un eventuale business*"

2. Piante Medicinali: "Guarigione Naturale"

Con l'aumento della consapevolezza riguardo alle proprietà benefiche delle piante medicinali, la coltivazione di varie piante aromatiche e officinali sta vivendo una crescita significativa, poiché sempre più persone cercano alternative naturali per il benessere e la salute. Tra queste piante, alcune hanno dimostrato un particolare interesse da parte dei coltivatori per le loro proprietà terapeutiche e i benefici per la salute.

La **curcuma**, ad esempio, è diventata popolare per le sue proprietà antinfiammatorie e antiossidanti. Il principio attivo principale della curcuma è la curcumina, riconosciuta per il suo potenziale benefico per vari disturbi, inclusi problemi gastrointestinali, disturbi delle articolazioni e supporto per il sistema immunitario. A causa della crescente domanda di curcuma e dei suoi derivati, molti agricoltori stanno optando per la coltivazione di questa pianta ricca di nutrienti.
La coltivazione della curcuma è un'attività gratificante e relativamente semplice, ma richiede alcune attenzioni specifiche per ottenere una buona resa di radici (rizomi) ricche di curcumina, il principio attivo principale della pianta.

Ecco alcuni consigli sulla coltivazione della curcuma:

1. Scelta del terreno: La curcuma preferisce terreni ben drenati, ricchi di sostanza organica e con un pH leggermente acido o neutro. Evitate terreni pesanti e compattati, poiché ciò potrebbe causare ristagni d'acqua che danneggiano i rizomi.

2. Temperatura e clima: La curcuma predilige climi caldi e umidi. La temperatura ideale per la crescita è tra i 20°C e i 30°C. Se vivete in un'area con inverni rigidi, potete coltivare la curcuma in vaso all'interno e poi trasferirla all'aperto in primavera.

3. Preparazione dei rizomi: Prima della piantumazione, è consigliabile immergere i rizomi in acqua tiepida per alcune ore o durante la notte. Questo aiuterà a ridurre il tempo di germogliazione.

4. Piantumazione: Piantate i rizomi di curcuma a una profondità di circa 5-10 cm, con gli occhi (i punti di germogliazione) rivolti verso l'alto. Se coltivate in vaso, assicuratevi che ci sia abbastanza spazio per lo sviluppo delle radici.

5. Irrigazione: La curcuma necessita di un'adeguata irrigazione, soprattutto durante i mesi più caldi. Evitate però l'eccesso d'acqua, poiché potrebbe causare il marciume delle radici.

6. Fertilizzazione: La curcuma risponde bene a una concimazione equilibrata. Potete utilizzare un fertilizzante organico, ricco di sostanza organica, durante la fase di crescita attiva.

7. Controllo delle erbacce: Mantenete la zona di coltivazione priva di erbacce, poiché possono competere con la curcuma per i nutrienti e l'acqua.

8. Raccolta: La curcuma richiede tempo per svilupparsi completamente. Potete iniziare a raccogliere i rizomi dopo circa 8-10 mesi dalla piantumazione. Scavate delicatamente il terreno per raccogliere i rizomi senza danneggiarli.

9. Conservazione: Conservate i rizomi raccolti in un luogo fresco e asciutto. Potete anche lasciarli asciugare all'aria per alcuni giorni prima di riporli in un contenitore sigillato.

10. Moltiplicazione: Dalla raccolta dei rizomi, potete conservarne alcuni per piantarli nella stagione successiva, avendo così una coltivazione continua.

La curcuma è una pianta resistente alle malattie e alle infestazioni di parassiti, ma è sempre consigliabile monitorarla attentamente e intervenire tempestivamente in caso di problemi. Con la cura adeguata, potrete godere dei benefici della vostra coltivazione di curcuma e utilizzare questa radice preziosa in cucina o per preparare tisane e rimedi naturali.

L'echinacea è un'altra pianta che ha guadagnato popolarità grazie alle sue proprietà immunostimolanti e antivirali. Essa è spesso utilizzata per prevenire o trattare raffreddori, influenza e altre infezioni respiratorie. La crescente consapevolezza riguardo alle sue proprietà curative ha portato molti agricoltori a dedicarsi alla sua coltivazione per soddisfare la richiesta crescente di prodotti a base di echinacea.

La coltivazione dell'echinacea, nota anche come coneflower, è relativamente semplice, ma richiede alcune attenzioni per ottenere piante robuste e ricche di principi attivi benefici. L'echinacea è una pianta perenne originaria dell'America settentrionale, ed è nota per le sue proprietà immunostimolanti e antinfiammatorie.

Ecco alcuni consigli sulla coltivazione dell'echinacea:

1. Scelta del terreno: L'echinacea preferisce terreni ben drenati, fertili e con un pH neutro o leggermente alcalino. Assicuratevi che il terreno sia sciolto e privo di ristagni d'acqua, poiché la ristagnazione può causare il marciume delle radici.

2. Esposizione al sole: L'echinacea ama il sole. Assicuratevi di coltivare le piante in un'area che riceve almeno 6-8 ore di luce solare diretta al giorno.

3. Semina o trapianto: Potete coltivare l'echinacea da seme o tramite trapianto di piantine già sviluppate. Se optate per la semina, seminate i semi in primavera, preferibilmente all'interno, e poi trasferite le piantine all'aperto quando il rischio di gelo è passato.

4. Distanza di piantagione: Se coltivate più di una piantina, lasciate uno spazio di almeno 30-45 cm tra ciascuna pianta, poiché l'echinacea tende a espandersi.

5. Irrigazione: L'echinacea è abbastanza resistente alla siccità, ma le giovani piantine possono aver bisogno di irrigazione regolare durante la fase di radicamento. Evitate l'eccesso d'acqua, ma assicuratevi che il terreno rimanga leggermente umido.

6. Fertilizzazione: L'echinacea non ha bisogno di una grande quantità di fertilizzante. Un concime a rilascio lento applicato all'inizio della stagione di crescita è sufficiente. Evitate l'uso eccessivo di fertilizzante azotato, poiché potrebbe favorire lo sviluppo delle foglie a scapito dei fiori.

7. Controllo delle erbacce: Mantenete l'area di coltivazione priva di erbacce per evitare la competizione con l'echinacea per i nutrienti.

8. Potatura: Dopo la fioritura, potate i fiori appassiti per promuovere una nuova fioritura e impedire la formazione di semi. La potatura

regolare aiuta anche a mantenere la pianta più compatta.

9. Raccolta dei semi: Se desiderate propagare l'echinacea, lasciate alcune piante producono semi che potrete raccogliere a fine estate o inizio autunno.

10. Svernamento: L'echinacea è una pianta resistente al freddo, ma se vivete in un'area con inverni rigidi, proteggete le piante con uno strato di pacciame o copritele con teli non tessuti.

L'echinacea è una pianta resistente alle malattie e alle infestazioni di parassiti, ma potrebbe attirare api, farfalle e altri insetti benefici che la renderanno una preziosa alleata nel giardino. Con una buona cura e attenzione, potrete godere dei meravigliosi fiori dell'echinacea e delle sue proprietà benefiche per la salute.

Il **ginseng** è un'erba rinomata per le sue proprietà adattogene, che aiutano a ridurre lo stress e migliorare l'energia e la concentrazione mentale. Questa pianta è molto apprezzata nella medicina tradizionale cinese e sta guadagnando popolarità in tutto il mondo per i suoi benefici per il benessere. Di conseguenza, sempre più agricoltori stanno iniziando a coltivare il ginseng per contribuire a soddisfare la crescente domanda di questo prezioso rimedio naturale.

Il ginseng è una pianta erbacea perenne nota per le sue proprietà medicinali e toniche. La sua coltivazione richiede pazienza e cure specifiche, poiché si tratta di una pianta che cresce lentamente e necessita di un ambiente adeguato per svilupparsi pienamente.

Ecco alcuni consigli sulla coltivazione del ginseng:

1. Scelta del terreno: Il ginseng predilige terreni ricchi di sostanza organica, ben drenati e con pH leggermente acido, compreso tra 5,5 e 6,5. La presenza di humus e la struttura sciolta del terreno favoriscono una crescita sana delle radici di ginseng.

2. Ombra parziale: Il ginseng prospera in ambienti con ombra parziale. Se coltivate all'aperto, scegliete un luogo in cui le piante ricevano solo una quantità moderata di luce solare diretta durante il giorno. Alcuni coltivatori utilizzano teloni o strutture ombreggianti per ottenere l'ombra adeguata.

3. Preparazione del terreno: Preparate il terreno in autunno o primavera. Rimuovete le erbacce e lavorate il terreno in profondità per garantire un buon drenaggio. Aggiungete compost o letame per migliorare la fertilità del terreno.

4. Semina: Il ginseng viene coltivato da seme. La semina può avvenire in autunno o in primavera. I semi richiedono una stratificazione fredda per germogliare. Potete mettere i semi in sacchetti di plastica con del terriccio umido e conservarli in frigorifero per 3-6 mesi prima della semina.

5. Distanza di piantagione: Quando i semi germogliano, piantate le giovani piantine di ginseng a una distanza di circa 15 cm l'una dall'altra. Questa distanza permette alle piante di svilupparsi adeguatamente.

6. Irrigazione: Il ginseng ha bisogno di un'irrigazione regolare per mantenere il terreno costantemente umido, ma non eccessivamente bagnato. Evitate ristagni d'acqua, poiché possono causare il marciume delle radici.

7. Protezione dalle erbe infestanti: Tenete l'area di coltivazione libera dalle erbacce che possono competere con il ginseng per i nutrienti. Una buona copertura di pacciame può aiutare a ridurre la crescita delle erbe infestanti.

8. Cure durante l'inverno: Proteggete le piante di ginseng durante l'inverno, soprattutto se vivete in un'area con inverni rigidi. Potete coprire le piante con pacciame o paglia per evitare danni causati dalle basse temperature.

9. Tempo di crescita: Il ginseng cresce lentamente e raggiunge la piena maturità dopo 4-6 anni. È importante essere pazienti e fornire alle piante le cure adeguate durante tutto il periodo di crescita.

10. Raccolta: Il momento ideale per la raccolta delle radici di ginseng è in autunno, dopo almeno 4 anni di crescita. Scavate con attenzione per evitare di danneggiare le radici. Le radici possono essere essiccate per conservarle e utilizzarle in futuro.

La coltivazione del ginseng è una pratica impegnativa, ma può essere gratificante per coloro che desiderano sperimentare le proprietà benefiche di questa pianta medicinale. Ricordate che la coltivazione del ginseng può essere regolamentata in alcune regioni e potrebbero essere necessarie licenze o permessi per coltivarlo in determinate aree. Prima di avviare la coltivazione, verificate le regolamentazioni locali e informatevi sulla corretta gestione della coltivazione di questa pianta preziosa.

Infine, il **prezzemolo di montagna** (Petroselinum crispum) sta attirando l'attenzione dei coltivatori a causa delle sue proprietà antiossidanti e della sua ricchezza di nutrienti essenziali. Questa varietà di prezzemolo è particolarmente apprezzata in campo cosmetico e medico, essendo considerata un potente depurativo e un alleato per la salute delle vie urinarie. L'aumento della richiesta di prezzemolo di montagna sta incoraggiando l'agricoltura dedicata a questa pianta medicinale.

Il prezzemolo di montagna, noto anche come prezzemolo di radice o prezzemolo tuberoso, è una pianta erbacea perenne con radici commestibili simili alle carote. Si coltiva per le sue radici saporite e aromatiche, che sono spesso utilizzate in cucina per aggiungere gusto ai piatti. Ecco alcuni consigli sulla coltivazione del prezzemolo di montagna:

1. Scelta del terreno: Il prezzemolo di montagna prospera in terreni ben drenati e ricchi di sostanza organica. Assicuratevi che il terreno sia sciolto e friabile per favorire una crescita sana delle radici.

2. Esposizione: Il prezzemolo di montagna predilige un'esposizione soleggiata o parzialmente ombreggiata. Potete coltivarlo in un'area del giardino che riceve almeno 4-6 ore di luce solare diretta al giorno.

3. Semina: La semina del prezzemolo di montagna può avvenire in primavera o in autunno. Potete seminare i semi direttamente nel terreno preparato o in vasi/palette da semina per poi trapiantare le piantine quando hanno raggiunto una dimensione adeguata.

4. Distanza di piantagione: Quando le piantine hanno raggiunto una dimensione di circa 10-15 cm, trapiantatele a una distanza di circa 20-30 cm l'una dall'altra per garantire spazio sufficiente per la crescita delle radici.

5. Irrigazione: Il prezzemolo di montagna ha bisogno di un'irrigazione regolare, soprattutto durante i periodi di siccità. Mantenete il terreno costantemente umido, ma evitate ristagni d'acqua.

6. Cura delle piante: Rimuovete le erbacce che potrebbero competere con il prezzemolo di montagna per i nutrienti e l'acqua. Aggiungete uno strato di pacciame intorno alle piante per mantenere il terreno umido e ridurre la crescita delle erbe infestanti.

7. Tempo di crescita: Il prezzemolo di montagna può richiedere da 3 a 4 mesi per raggiungere la maturità e sviluppare radici di dimension adeguate per il consumo.

8. Raccolta: Potete iniziare a raccogliere le radici del prezzemolo d montagna quando hanno raggiunto una dimensione sufficiente, di solito verso la fine dell'autunno. Scavate le radici con attenzione per non danneggiarle.

9. Conservazione: Le radici di prezzemolo di montagna possono essere conservate in un luogo fresco e asciutto. Potete utilizzarle in cucina per insaporire i vostri piatti, come le carote o le patate.

Il prezzemolo di montagna è una pianta rustica e facile da coltivare ideale per chi desidera arricchire la propria cucina con nuove sfumature di gusto. Con una corretta cura e attenzione, potrete ottenere radici saporite e aromatiche da utilizzare nei vostri piatti preferiti.

3. Piante Aromatiche di Valore: "Profumi Preziosi"

Le piante aromatiche, come la vaniglia, il cardamomo e il coriandolo, sono sempre state preziose per l'umanità a causa dei loro profumi intensi e sapori unici. Il settore alimentare, cosmetico e farmaceutico ha sempre cercato queste essenze aromatiche di valore per migliorare i loro prodotti e soddisfare i gusti dei consumatori. La coltivazione di queste piante offre un'opportunità unica per gli agricoltori e gli imprenditori di ottenere un vantaggio competitivo nel mercato globale.

La **vaniglia** è una delle spezie più preziose al mondo, nota per il suo aroma ricco e dolce. La coltivazione della vaniglia richiede attenzione e cura, poiché è una pianta da fiore rampicante che cresce meglio in climi caldi e umidi. Paesi come il Madagascar, la Polinesia e il Messico sono noti per essere i principali produttori di vaniglia. Con la crescente domanda di prodotti alimentari, dolci e cosmetici aromatizzati alla vaniglia, la coltivazione di questa spezia offre opportunità di mercato interessanti.

La coltivazione della vaniglia è una pratica affascinante ma impegnativa che richiede cure attentamente pianificate e costanti. La vaniglia proviene dai baccelli di una pianta rampicante appartenente al genere Vanilla, principalmente Vanilla planifolia. Ecco alcuni consigli per coltivare la vaniglia con successo:

1. Clima e terreno:
La vaniglia cresce meglio in climi caldi e umidi, con temperature medie tra i 20°C e i 30°C durante il giorno e non inferiori ai 15°C durante la notte. La pianta non tollera il gelo. Per una buona crescita, è preferibile un'umidità relativa del 80% o superiore. Inoltre, il terreno dovrebbe essere ben drenato, ricco di materia organica e con un pH compreso tra 6 e 7.

2. Scelta della varietà:
La Vanilla planifolia è la varietà più comune e ampiamente coltivata. Assicuratevi di acquistare piante da fornitori affidabili o di utilizzare talee provenienti da piante di vaniglia sane.

3. Supporto per la crescita:
La vaniglia è una pianta rampicante che necessita di supporto per

sviluparsi correttamente. Si consiglia di utilizzare un sistema di tralicci o reti di sostegno per permettere alle piante di arrampicarsi.

4. Propagazione:
La vaniglia può essere propagata sia tramite talee che attraverso la semina dei semi. La propagazione da talea è il metodo più comune ed è preferibile poiché i semi richiedono molto tempo per germogliare e le piante risultanti potrebbero non mantenere le stesse caratteristiche della pianta madre.

5. Impollinazione:
Una delle caratteristiche distintive della vaniglia è il processo di impollinazione. Nelle regioni native della pianta, gli insetti impollinatori naturali si occupano di questo compito. Tuttavia, in altre regioni, come l'America Centrale e alcune parti dell'Africa e dell'Asia, gli agricoltori devono impollinare manualmente i fiori per ottenere frutti di vaniglia. Questo processo richiede un'accurata pratica e può essere una delle parti più delicate della coltivazione della vaniglia.

6. Cura delle piante:
La vaniglia richiede attenzione costante. Durante la crescita, dovreste monitorare attentamente l'umidità del terreno e assicurarvi che le piante ricevano abbastanza acqua, soprattutto durante i periodi di crescita attiva. Mantenete il terreno ben drenato per evitare ristagni d'acqua che potrebbero causare problemi alle radici.

7. Raccolta e lavorazione dei baccelli:
La vaniglia richiede diversi mesi per sviluppare i baccelli. Una volta maturi, vengono raccolti e sottoposti a un processo di lavorazione che include essiccazione, fermentazione e affinamento. Questo processo è fondamentale per sviluppare l'aroma e il sapore distintivo della vaniglia.

8. Protezione dalle malattie:
La vaniglia è suscettibile a malattie fungine e insetti parassiti. Assicuratevi di monitorare attentamente le vostre piante e, se necessario, utilizzate metodi di controllo integrati per proteggerle.

La coltivazione della vaniglia richiede tempo, dedizione e cura, ma il risultato finale è una delle spezie più pregiata al mondo. Con pazienza e attenzione, si possono ottenere baccelli di vaniglia di alta qualità che sono molto richiesti nel mercato alimentare, cosmetico e farmaceutico.

Il **cardamomo** è un'aromatica spezia usata principalmente in cucina per aggiungere sapore e aroma a vari piatti. La coltivazione del cardamomo avviene in aree tropicali e subtropicali, come l'India, il Guatemala e la Tanzania. È considerato il terzo ingrediente più costoso al mondo, dopo la vaniglia e lo zafferano. Il cardamomo è utilizzato in diversi settori, dall'industria alimentare per dolci e bevande, all'industria cosmetica per prodotti per la cura del corpo. Coltivare il cardamomo può essere una fonte redditizia di reddito per gli agricoltori e una risorsa preziosa per le aziende che cercano ingredienti aromatici di alta qualità.

Il cardamomo è una spezia aromatica pregiata originaria delle regioni tropicali dell'Asia, in particolare dell'India, dello Sri Lanka e di alcune parti del Sud-est asiatico. La coltivazione del cardamomo richiede condizioni specifiche e cure attente. Ecco alcuni consigli utili per coltivare il cardamomo con successo:

1. Clima e terreno:
Il cardamomo prospera in climi tropicali caldi e umidi, con temperature medie tra i 20°C e i 35°C durante il giorno e non inferiori ai 15°C durante la notte. L'umidità è un elemento essenziale per la crescita delle piante di cardamomo, quindi è preferibile coltivarlo in regioni con una stagione delle piogge ben definita. Inoltre, il terreno ideale per il cardamomo è un suolo ben drenato, ricco di sostanza organica e con un pH compreso tra 5,5 e 7.

2. Propagazione:
Il cardamomo può essere propagato sia attraverso i semi che tramite divisione dei rizomi. La divisione dei rizomi è il metodo più comune e preferito dagli agricoltori, poiché consente di ottenere piante geneticamente identiche alla pianta madre. È consigliabile utilizzare rizomi sani e robusti per garantire una buona crescita delle nuove piante.

3. Piantagione e spaziatura:
Le piante di cardamomo richiedono un'adeguata spaziatura per garantire una corretta crescita e consentire la circolazione dell'aria. In genere, si consiglia di piantare i rizomi a una profondità di circa 5 cm, mantenendo una distanza di circa 2 metri tra le file e di 1,5 metri tra le piante.

4. Cura delle piante:

Il cardamomo ha bisogno di cure costanti per una crescita sana. Assicuratevi di mantenere il terreno costantemente umido, soprattutto durante la stagione delle piogge. Durante i periodi secchi, l'irrigazione regolare è essenziale per sostenere la crescita delle piante. Evitate ristagni d'acqua, poiché il cardamomo non tollera il terreno eccessivamente bagnato.

5. Protezione dalle malattie e parassiti:

Il cardamomo è suscettibile a diverse malattie fungine e parassiti. Monitorate attentamente le piante per individuare eventuali segni di malattie o attacchi di insetti e intervenite tempestivamente con misure di controllo adeguate.

6. Fertilizzazione:

Una fertilizzazione equilibrata è essenziale per promuovere una crescita vigorosa delle piante di cardamomo. Utilizzate fertilizzanti organici o concimi bilanciati contenenti azoto, fosforo e potassio per fornire nutrienti necessari.

7. Raccolta:

I baccelli di cardamomo sono pronti per la raccolta quando iniziano a svilupparsi un colore verde chiaro o giallo. I baccelli maturi vengono raccolti a mano e successivamente essiccati al sole per conservarne il sapore e l'aroma caratteristici.

8. Conservazione:

Dopo l'essiccazione, i baccelli di cardamomo possono essere conservati in contenitori ermetici al riparo dall'umidità e dalla luce. In questo modo, potrete conservare il sapore e l'aroma del cardamomo per un periodo prolungato.

Coltivare il cardamomo richiede impegno e attenzione, ma il risultato è una spezia pregiata apprezzata in tutto il mondo per i suoi profumi e sapori unici. Con le giuste cure e l'ambiente adatto, gli agricoltori possono ottenere una produzione di cardamomo di qualità che trova ampio utilizzo nell'industria alimentare, cosmetica e farmaceutica.

Il **coriandolo** è una pianta erbacea dalle foglie aromatiche e semi dal sapore pungente e speziato. È utilizzato sia come spezia che come erba aromatica in cucina. La coltivazione del coriandolo può essere relativamente semplice e richiede meno cure rispetto alla vaniglia e al cardamomo. Paesi come l'India, il Marocco e la Cina sono tra i principali produttori di coriandolo. L'industria alimentare e cosmetica utilizza il coriandolo per una vasta gamma di prodotti, dai condimenti alle salse e ai profumi. Coltivare questa pianta può essere un modo efficace per fornire una materia prima essenziale per queste industrie.

Il coriandolo è una pianta erbacea annuale ampiamente utilizzata in cucina per il suo caratteristico aroma e sapore. È una pianta facile da coltivare e richiede pochi accorgimenti per avere una buona produzione. Ecco alcuni consigli sulla coltivazione del coriandolo:

1. Clima e terreno:
Il coriandolo cresce meglio in climi temperati o caldi con temperature comprese tra i 15°C e i 25°C. Evitate di piantare il coriandolo in climi molto caldi, poiché il caldo eccessivo può farlo andare in seme prematuramente. Il coriandolo cresce bene in terreni ben drenati e ricchi di sostanza organica. Il pH del terreno ideale si aggira intorno a 6,5.

2. Semina:
La semina del coriandolo può essere fatta direttamente in piena terra o in vasi. La semina diretta è generalmente preferita, poiché il coriandolo ha un sistema radicale delicato e può soffrire durante il trapianto. La semina va effettuata in primavera o in autunno, evitando i periodi troppo freddi o troppo caldi. Fate attenzione a non piantare i semi troppo in profondità; una profondità di 1-2 cm è sufficiente.

3. Spaziatura:
Lasciate uno spazio di circa 15-20 cm tra le piantine per consentire una buona circolazione dell'aria e per evitare che si competano per l'acqua e i nutrienti.

4. Cura delle piante:
Il coriandolo richiede un'irrigazione regolare, soprattutto durante i periodi di siccità. Assicuratevi che il terreno sia costantemente umido, ma evitate ristagni d'acqua. Una volta che le piantine hanno raggiunto una certa altezza, potete effettuare una leggera concimazione con un

fertilizzante equilibrato per favorire la crescita delle foglie.

5. Raccolta:
Le foglie di coriandolo possono essere raccolte quando la pianta ha raggiunto un'altezza di circa 10-15 cm. Potete raccogliere le foglie man mano che ne avete bisogno, lasciando intatta la parte centrale della pianta per consentire una crescita continua. Le foglie di coriandolo possono essere utilizzate fresche o essiccate per conservarne il sapore.

6. Raccolta dei semi:
Se desiderate raccogliere i semi di coriandolo, lasciate che la pianta fiorisca e formi i semi. I semi di coriandolo sono pronti per la raccolta quando iniziano a cambiare colore da verde a marrone. Potete raccogliere i semi a mano o tagliare i baccelli e lasciarli essiccare in un luogo fresco e asciutto. I semi di coriandolo possono essere utilizzati come spezia o per la successiva semina.

7. Protezione dalle malattie e parassiti:
Il coriandolo è generalmente resistente alle malattie, ma può essere soggetto ad attacchi di insetti come afidi e acari. Monitorate attentamente le piante e, se necessario, intervenite con misure di controllo adeguate, come l'uso di insetticidi naturali o il lavaggio delle piante con acqua e sapone.

Seguendo questi consigli e dedicando cura e attenzione alle piante potrete coltivare con successo il coriandolo e godere del suo delizioso aroma e sapore in cucina.

4. Frutta Esotica: "Tesori Tropicali"

La frutta esotica come il goji, il physalis e l'acai è una ricchezza di colori e nutrienti provenienti dalle regioni tropicali del mondo. Questi frutti non solo catturano l'attenzione con la loro vivace gamma di colori, ma offrono anche una miriade di benefici per la salute, rendendoli dei veri tesori tropicali.

Il goji, anche conosciuto come "bacche di goji" o "wolfberry", è originario dell'Asia e viene considerato un superfood per la sua straordinaria concentrazione di nutrienti. Le bacche di goji sono di un intenso colore rosso-arancio e sono cariche di antiossidanti, vitamine (in particolare vitamina C), minerali, polisaccaridi e altri composti bioattivi. Il consumo regolare di goji è associato a una migliore funzione del sistema immunitario, una protezione contro i danni dei radicali liberi e un miglioramento della salute della pelle e degli occhi.

La coltivazione del goji, o bacche di goji, può essere un'esperienza gratificante poiché questa pianta è relativamente facile da coltivare e offre una ricca fonte di bacche nutrienti. Ecco alcuni consigli sulla coltivazione del goji:

1. Scegliere un sito adatto: Il goji preferisce un luogo soleggiato con almeno 6-8 ore di luce solare diretta al giorno. Assicurarsi che il terreno sia ben drenato e leggermente alcalino, con un pH compreso tra 7 e 8. Evitare luoghi con ristagni d'acqua, poiché il goji non tollera il terreno eccessivamente umido.

2. Preparazione del terreno: Prima di piantare il goji, preparare il terreno aggiungendo compost o letame ben decomposto per migliorare la fertilità del suolo. Rimuovere eventuali erbacce e sassi che potrebbero ostacolare la crescita della pianta.

3. Semi o piantine?: Il goji può essere coltivato da semi o piantine. L'utilizzo di piantine è il metodo più semplice e veloce, poiché i semi possono richiedere più tempo per germogliare. Acquistare piantine di goji da un vivaio affidabile.

4. Spaziatura delle piante: Piantare le piantine di goji a una distanza di circa 1,5-2 metri l'una dall'altra. Questo fornirà spazio sufficiente per la crescita delle piante mature e agevolerà la raccolta delle bacche.

5. Irrigazione: Il goji ha bisogno di una quantità adeguata di acqua per crescere, ma è importante evitare l'eccesso di annaffiature. Annaffiare regolarmente le piante durante la stagione di crescita, mantenendo il terreno umido ma non inzuppato. Durante l'inverno, ridurre le annaffiature poiché la pianta entra in uno stato di dormienza.

6. Potatura: Potare le piante di goji all'inizio della primavera per rimuovere eventuali rami secchi o danneggiati e per favorire una crescita rigogliosa. Anche la potatura leggera durante l'estate può aiutare a modellare la pianta e promuovere una migliore areazione.

7. Fertilizzazione: Il goji è generalmente una pianta resistente e non richiede molta concimazione. Tuttavia, se il terreno è povero di nutrienti, si possono applicare concimi organici o a lento rilascio una volta all'anno all'inizio della primavera.

8. Protezione dagli animali: Le piante di goji possono essere vulnerabili agli attacchi di animali come uccelli e conigli, che potrebbero nutrirsi delle bacche. Proteggere le piante con reti o recinzioni per prevenire danni.

9. Raccolta delle bacche: Le bacche di goji sono pronte per la raccolta quando raggiungono il colore rosso-arancio e sono morbide al tatto. Solitamente la raccolta avviene nel tardo autunno. Raccogliere le bacche con cura, evitando di schiacciarle.

10. Conservazione delle bacche: Dopo la raccolta, le bacche di goji possono essere essiccate al sole o in un essiccatore per conservarle più a lungo. Una volta essiccate, possono essere conservate in un contenitore ermetico in un luogo fresco e asciutto.

Seguendo questi consigli e dedicando attenzione alla coltivazione, potrai godere di una pianta di goji rigogliosa e produttiva, pronta a donarti le sue preziose bacche ricche di nutrienti e benefici per la salute.

Il **physalis**, noto anche come "lanterna cinese" o "bacca di falso giglio", è originario dell'America Latina. Questa frutta esotica è caratterizzata da un involucro simile a una lanterna che racchiude la bacca, conferendole un aspetto unico e affascinante. Il physalis è ricco di vitamina C, vitamina A, vitamina K, ferro e antiossidanti come i carotenoidi. Questa delizia fruttata ha proprietà antinfiammatorie, aiuta a sostenere il sistema immunitario e favorisce una buona salute degli occhi.

Il physalis, noto anche come bacca di lampioncino o ciliegia di terra, è una pianta affascinante e facile da coltivare. Segui questi consigli per una coltivazione di successo:

1. Scegliere un sito adatto: Il physalis predilige un luogo soleggiato con almeno 6-8 ore di luce solare diretta al giorno. Può adattarsi anche a mezz'ombra, ma crescerà meglio in pieno sole. Assicurarsi che il terreno sia ben drenato e ricco di sostanza organica.

2. Semina o piantine?: Il physalis può essere coltivato da semi o da piantine acquistate da un vivaio. Seleziona piantine sane e robuste, o semina i semi in un vaso e trasferisci le piantine all'aperto una volta che hanno raggiunto una buona dimensione.

3. Spaziatura delle piante: Pianta il physalis a una distanza di circa 60 cm l'una dall'altra. Questo fornirà abbastanza spazio per la crescita delle piante mature, che tendono a essere piante ramificate e piuttosto espansive.

4. Irrigazione: Il physalis ha bisogno di una quantità adeguata di acqua per crescere, soprattutto durante la fase di sviluppo delle bacche. Tuttavia, è importante evitare ristagni idrici. Annaffia regolarmente, mantenendo il terreno uniformemente umido, ma non inzuppato.

5. Fertilizzazione: Il physalis risponde bene alla concimazione. Si può applicare un concime equilibrato o un concime specifico per ortaggi una volta al mese durante la stagione di crescita.

6. Supporto: Poiché il physalis tende a ramificarsi e diventare un po' disordinato, può essere utile fornire un supporto a ciascuna pianta. Puoi utilizzare pali o reti appositamente progettate per aiutare la pianta a crescere in modo più ordinato.

7. Potatura: Sebbene non sia necessaria una potatura drastica, puoi rimuovere eventuali ramificazioni secche o malate per promuovere una crescita più sana. Inoltre, è possibile pizzicare le estremità delle piante giovani per incoraggiare un portamento più compatto.

8. Protezione dagli animali: Le bacche del physalis sono molto appetibil per uccelli e insetti, quindi può essere utile proteggere le piante con ret o tessuti non tessuti per prevenire danni.

9. Raccolta delle bacche: Il physalis è pronto per la raccolta quando i lampioncini o i calici si sono colorati e il frutto è di un colore giallo-arancio. I frutti dovrebbero essere morbidi al tatto e facilmente rimovibili dai lampioncini. Raccogli le bacche quando sono completamente mature per ottenere il sapore migliore.

10. Conservazione delle bacche: Le bacche di physalis possono essere conservate per alcuni giorni in un luogo fresco e asciutto, ma è meglio consumarle fresche per apprezzarne appieno il sapore dolce e leggermente acidulo.

Coltivare il physalis può essere un'esperienza gratificante, soprattutto quando gusti i frutti delle tue cure. Seguendo questi consigli e dedicando cura alla tua pianta di physalis, potrai godere di un raccolto abbondante e gustoso di queste deliziose bacche tropicali.

L'acai è un frutto piccolo e scuro originario dell'Amazzonia brasiliana. La sua intensa colorazione viola è dovuta alla presenza di antocianine potenti antiossidanti che proteggono il corpo dai danni dei radical liberi. L'acai è un superfood con un elevato contenuto di fibre, acid grassi omega-3, vitamina E, vitamina C e minerali essenziali. Questa piccola bacca ha guadagnato popolarità come sostegno per la salute cardiovascolare, la funzione cerebrale e la digestione.

L'açaí (pronunciato ah-sah-EE) è una piccola bacca originaria dell'Amazzonia brasiliana, nota per i suoi elevati contenuti di antiossidanti e nutrienti. La coltivazione dell'açaí può essere un'opzione interessante in alcune regioni, ma va considerata con attenzione poiché la pianta richiede specifiche condizioni per prosperare. Ecco alcuni consigli e indicazioni sulla coltivazione dell'açaí:

1. Clima e terreno: L'açaí cresce meglio in regioni tropicali e subtropicali con temperature comprese tra i 24°C e i 30°C. La pianta preferisce zone con umidità elevata e terreni ben drenati. Se la tua zona è caratterizzata da inverni freddi o ghiaccio, l'açaí potrebbe non essere la scelta ideale per la coltivazione.

2. Semi o piantine: Puoi coltivare l'açaí partendo dai semi o utilizzando piantine acquistate da un vivaio specializzato. La germinazione dei semi può richiedere un po' di tempo e pazienza, quindi se preferisci ottenere risultati più rapidi, l'acquisto di piantine potrebbe essere la scelta migliore.

3. Spaziatura delle piante: Poiché l'açaí tende a formare un fitto cespuglio, è necessario lasciare uno spazio sufficiente tra le piante. Una spaziatura di almeno 2,5-3 metri tra ciascuna piantina permetterà alle piante di svilupparsi senza eccessive competizioni per la luce e i nutrienti.

4. Irrigazione: L'açaí ha bisogno di una quantità adeguata di acqua, soprattutto durante la fase di crescita. Assicurati che il terreno sia costantemente umido, ma evita ristagni idrici, poiché la pianta non tollera l'eccesso d'acqua.

5. Fertilizzazione: L'açaí risponde bene alla concimazione regolare. Utilizza un fertilizzante bilanciato o uno specifico per piante da frutto secondo le istruzioni del produttore. Presta attenzione all'apporto di potassio e fosforo, importanti per lo sviluppo delle bacche.

6. Protezione dal vento: L'açaí può essere vulnerabile ai venti forti, specialmente nelle prime fasi di crescita. Se il tuo sito è soggetto a venti intensi, considera l'uso di barriere o siepi per proteggere le piante giovani.

7. Supporto alle piante: Una volta che le piante di açaí raggiungono una certa altezza, potrebbero richiedere un supporto per evitare che si pieghino o si spezzino. Puoi utilizzare pali o tute per aiutare le piante a sostenersi.

8. Potatura: La potatura dell'açaí può essere eseguita per rimuovere rami secchi o danneggiati e per promuovere una crescita più vigorosa. Tieni presente che l'açaí tende a produrre molti germogli, quindi è possibile potare per controllare la crescita e mantenere la forma desiderata.

9. Raccolta delle bacche: Le bacche di açaí sono pronte per la raccolta quando sono di un bel colore viola scuro o nero. Raccogli le bacche manualmente, evitando di danneggiare la pianta.

10. Consumo o vendita delle bacche: Una volta raccolte, le bacche di açaí possono essere consumate fresche o utilizzate per la produzione di succhi, smoothie, gelati e altri prodotti alimentari. Se la tua coltivazione è destinata alla vendita, assicurati di rispettare le normative e le norme di sicurezza alimentare del tuo paese.

La coltivazione dell'açaí può richiedere impegno e cura, ma la possibilità di ottenere bacche fresche e nutrienti è gratificante. Prima di iniziare, assicurati di effettuare una ricerca approfondita sulle condizion climatiche e del terreno della tua zona e considera il supporto di espert agricoli o agronomi per massimizzare il successo della tua coltivazione.

La frutta esotica è sempre più apprezzata sia per i suoi pregiati benefic nutrizionali sia per il suo impatto visivo nei piatti e nei prodott alimentari. I frutti esotici, grazie alla loro straordinaria combinazione d colori, sapori e nutrienti, stanno diventando sempre più utilizzati nella preparazione di piatti gourmet, bevande, dessert e prodotti cosmetici.

Il loro aspetto invitante e il profilo nutrizionale eccezionale li rendono dei veri e propri tesori tropicali, che arricchiscono il mondo della gastronomia, la salute e il benessere. La scoperta e l'utilizzo di queste meraviglie della natura possono portare una ventata di novità e piacere nelle tavole di tutto il mondo.

5. Coltivazione Idroponica: "Coltivazione Verticale"

La coltivazione idroponica sta rivoluzionando l'agricoltura moderna. Con un'efficienza dell'uso delle risorse superiore e un ambiente di coltivazione controllato, la produzione di lattuga, erbe aromatiche e micro verdure sta guadagnando terreno nel settore agricolo. L'idroponica è un metodo di coltivazione delle piante che si basa su una soluzione nutritiva acquosa, priva di terreno, in cui vengono coltivate le radici delle piante. In questo sistema, le piante ricevono tutti i nutrienti necessari direttamente dall'acqua, e non è richiesto un substrato di terreno tradizionale. È stata ampiamente adottata per diversi motivi e offre numerosi vantaggi rispetto ai metodi di coltivazione tradizionali.

Materiali e tecniche comuni in idroponica:

1. Serbatoio di riserva: Contiene la soluzione nutritiva, che è un mix di acqua e nutrienti essenziali per la crescita delle piante.

2. Pompa: Serve a far circolare la soluzione nutritiva attraverso il sistema.

3. Riserva di nutrienti: Questo serbatoio contiene i sali nutrienti necessari per fornire alle piante tutto ciò di cui hanno bisogno per crescere e svilupparsi.

4. Camera di coltivazione: È l'area in cui le piante sono poste e le radici immerse nella soluzione nutritiva.

5. Supporto per le piante: Le piante hanno bisogno di un supporto per rimanere in posizione mentre le radici sono immerse nell'acqua. Può essere utilizzato un materiale inerte, come pietra pomice, perlite o argilla espansa.

6. Illuminazione: In caso di coltivazione al chiuso, può essere necessario fornire illuminazione artificiale per garantire la fotosintesi delle piante.

7. Aeratore: In alcuni sistemi, viene utilizzato per ossigenare la soluzione nutritiva e garantire un'adeguata fornitura di ossigeno alle radici delle piante.

Efficienza dell'idroponica:

L'idroponica offre diversi vantaggi che contribuiscono alla sua efficienza rispetto ai metodi di coltivazione tradizionali:

1. Risparmio d'acqua: In un sistema idroponico, l'acqua viene riciclata e non viene dispersa come nell'irrigazione tradizionale. Questo riduce il consumo idrico, rendendo l'idroponica particolarmente adatta in aree con scarsità di acqua.

2. Maggiore resa: Poiché le piante ottengono tutti i nutrienti di cui hanno bisogno in modo diretto e in quantità bilanciate, crescono più velocemente e in modo più sano. Ciò può portare a una maggiore resa di prodotto rispetto alla coltivazione tradizionale.

3. Controllo preciso dei nutrienti: Con l'idroponica, è possibile regolare con precisione la composizione della soluzione nutritiva, fornendo alle piante la quantità esatta di nutrienti necessari per una crescita ottimale. Questo aiuta a evitare sprechi di nutrienti e assicura una crescita sana delle piante.

4. Minori rischi di malattie del suolo: Poiché le piante non sono coltivate nel terreno, ci sono minori probabilità di contrarre malattie del suolo o parassiti. Questo riduce la necessità di utilizzare pesticidi e fungicidi, rendendo l'idroponica un metodo di coltivazione più ecologico.

5. Coltivazione in spazi limitati: L'idroponica può essere praticata in spazi ridotti, inclusi spazi interni o urbani, in cui la terra potrebbe non essere facilmente disponibile o adatta alla coltivazione tradizionale.

Tuttavia, è importante notare che l'idroponica richiede una pianificazione e una gestione attenta, inclusa la corretta formulazione della soluzione nutritiva e il monitoraggio costante delle condizioni delle piante. Una gestione impropria potrebbe portare a problemi come il ristagno delle radici o l'eccesso di nutrienti, che potrebbero danneggiare le piante. Pertanto, è essenziale acquisire una buona comprensione delle esigenze specifiche delle piante coltivate e dei sistemi idroponici utilizzati per garantire una coltivazione di successo.

6. Coltivazione di Funghi: "Sogno di Funghi"

La coltivazione di funghi shiitake e champignon rappresenta un'opportunità di business agricolo promettente e redditizia. Entrambi i tipi di funghi sono ampiamente utilizzati nella cucina e nella gastronomia di tutto il mondo, e la loro domanda è in costante crescita. Inoltre, la coltivazione dei funghi può essere avviata con uno spazio relativamente piccolo, rendendo questo settore accessibile anche a chi dispone di terreni limitati.

Coltivazione dei funghi Shiitake:
I funghi shiitake (Lentinula edodes) sono originari del Giappone e sono noti per il loro sapore ricco e caratteristico. Per avviare una coltivazione di funghi shiitake, sono necessari i seguenti passaggi:

1. Substrato: I funghi shiitake crescono bene su substrati di legno duro. I tronchi di quercia, faggio o betulla sono ideali. Tagliare i tronchi in sezioni di circa 1 metro e mezzo di lunghezza.

2. Inoculazione: Ottenere micelio di funghi shiitake da un fornitore affidabile. Per inoculare i tronchi, praticare dei fori sulla superficie e inserire il micelio all'interno, poi sigillare con cera d'api.

3. Incubazione: Conservare i tronchi in un luogo fresco e umido, come una cantina o un'area ombreggiata, per diversi mesi, permettendo al micelio di crescere all'interno del legno.

4. Fruttificazione: Dopo l'incubazione, immergere i tronchi in acqua per un giorno per stimolare la fruttificazione. Quindi, posizionarli in un ambiente fresco e umido, ma all'aperto, per permettere ai funghi di crescere.

5. Cura: Mantenere i tronchi ben idratati durante il periodo di produzione e raccogliere i funghi quando sono maturi per favorire la produzione continua.

Coltivazione dei funghi Champignon:
I funghi champignon (Agaricus bisporus) sono tra i funghi più coltivati e consumati al mondo. Per avviare una coltivazione di funghi champignon, seguire i passaggi principali:

1. Compostaggio: Preparare un substrato di compostaggio utilizzando letame di cavallo, paglia e altre materie organiche. Il compost deve essere sterilizzato per eliminare eventuali microrganismi indesiderati.

2. Inoculazione: Mescolare il micelio dei funghi champignon nel compost sterilizzato.

3. Formazione delle piazze: Riempire letti di coltivazione con i compost inoculato e compattarlo per formare "piazze".

4. Incubazione: Mantenere le piazze in un ambiente umido e caldo come un ambiente coperto, per consentire al micelio di colonizzare i substrato.

5. Fruttificazione: Dopo l'incubazione, ridurre la temperatura e aumentare l'umidità per stimolare la crescita dei funghi.

6. Cura: Mantenere una corretta igiene durante il processo di coltivazione e raccogliere i funghi quando sono completamente sviluppati per favorire la produzione continua.

Vantaggi della coltivazione di funghi:

1. Rapido ciclo di crescita: I funghi hanno un ciclo di crescita relativamente breve rispetto alle piante coltivate, consentendo una produzione più rapida e una maggiore resa economica.

2. Spazio ridotto: La coltivazione dei funghi richiede meno spazio rispetto alle colture tradizionali, rendendola adatta anche a imprenditori con terreni limitati.

3. Domanda in aumento: La crescente consapevolezza riguardo ai benefici per la salute dei funghi e il loro ampio utilizzo in cucina hanno contribuito a una domanda sempre maggiore di questi prodotti.

4. Risorse ridotte: La coltivazione dei funghi può richiedere meno risorse idriche e di fertilizzanti rispetto ad altre colture.

5. Bassi costi di avvio: Avviare una coltivazione di funghi può essere economicamente accessibile, soprattutto quando si inizia con

dimensioni ridotte.

Con una corretta gestione e attenzione alle esigenze specifiche dei funghi, la coltivazione di shiitake e champignon può essere un'opportunità di business redditizia e soddisfacente nel mondo dell'agricoltura.

7. Coltivazione Biologica: "Il Futuro Verde"

Con l'aumento della consapevolezza ambientale e una crescente richiesta di prodotti sani e sostenibili, la coltivazione biologica rappresenta un'opportunità redditizia e responsabile per gli agricoltori. Adottare pratiche agricole ecologiche non solo contribuisce a preservare l'ambiente e la salute del pianeta, ma offre anche vantaggi economici significativi. Scopriamo come la coltivazione biologica può generare un impatto positivo sulla salute del nostro pianeta e sul portafoglio degli agricoltori.

1. Metodo di coltivazione sostenibile: La coltivazione biologica si basa su metodi sostenibili che riducono al minimo l'uso di sostanze chimiche nocive e preservano la biodiversità. Questo tipo di agricoltura si concentra sull'utilizzo di compost naturale, letame, rotazione delle colture e lotta biologica contro le infestanti e le malattie delle piante. Ciò contribuisce a migliorare la qualità del suolo, a preservare la fertilità a lungo termine e a ridurre l'impatto negativo sull'ecosistema circostante.

2. Prodotti privi di sostanze chimiche nocive: I prodotti ottenuti da coltivazioni biologiche sono privi di pesticidi sintetici, fertilizzant chimici e altre sostanze nocive. Questo li rende più sicuri per i consumatori, riducendo il rischio di esporre il corpo a residui chimic dannosi. La crescente consapevolezza riguardo agli effetti negativi delle sostanze chimiche ha portato molti consumatori a preferire prodott biologici, aumentando la domanda sul mercato.

3. Benefici per la salute dei consumatori: I prodotti biologici spesso contengono livelli più elevati di nutrienti essenziali, come vitamine minerali e antiossidanti. Inoltre, poiché non contengono residui chimic nocivi, possono contribuire a migliorare la salute generale de consumatori. Questi vantaggi per la salute si traducono in una maggiore preferenza per i prodotti biologici da parte dei consumatori, stimolando ulteriormente la domanda.

4. Maggiori margini di profitto: Sebbene la coltivazione biologica possa richiedere una gestione più attenta e maggiore lavoro manuale, prodotti biologici spesso possono essere venduti a prezzi più elevat rispetto a quelli convenzionali. Ciò può portare a margini di profitto più ampi per gli agricoltori che abbracciano le pratiche biologiche. Inoltre,

prodotti biologici possono accedere a mercati di nicchia e a una clientela disposta a pagare di più per prodotti di alta qualità e a impatto ambientale ridotto.

5. Certificazioni e marchi di qualità: La coltivazione biologica è generalmente soggetta a regolamentazioni e controlli per garantire la conformità alle norme. Gli agricoltori biologici possono ottenere certificazioni ufficiali che attestano la qualità e l'autenticità dei loro prodotti. Queste certificazioni sono apprezzate dai consumatori e possono aumentare ulteriormente la fiducia nel marchio e la richiesta dei prodotti biologici.

In conclusione, la coltivazione biologica offre un approccio sostenibile per soddisfare la crescente domanda di prodotti sani e rispettosi dell'ambiente. Gli agricoltori che adottano pratiche agricole ecologiche non solo contribuiscono a preservare l'ambiente e la biodiversità, ma possono anche godere di benefici economici grazie alla domanda in aumento di prodotti biologici e ai maggiori margini di profitto che possono ottenere. Coltivare in modo biologico è un modo efficace per generare un impatto positivo sulla salute del pianeta e del proprio portafoglio.

Conclusioni

Nel corso di questo viaggio tra le colture redditizie, abbiamo esplorato un vasto panorama di opportunità che l'agricoltura moderna offre a chi è in cerca di pratiche sostenibili e prospettive economiche promettenti. Le nostre scoperte ci hanno portato a comprendere che il mondo agricolo sta subendo una significativa trasformazione, spinta da una crescente domanda di prodotti sani, sostenibili e di alta qualità.

Dalle piante medicinali alle essenze aromatiche, dai frutti esotici ai funghi pregiati, abbiamo constatato come la diversificazione delle colture possa essere una strategia vincente per affrontare le sfide dei mercati globali in continua evoluzione. Queste colture, oltre a offrire potenziali rendimenti finanziari interessanti, possono contribuire a preservare la biodiversità e promuovere una gestione sostenibile delle risorse naturali.

L'idroponica si è rivelata una tecnica agricola all'avanguardia, capace di garantire una maggiore efficienza nella produzione di colture, ottimizzando l'uso delle risorse idriche e riducendo l'impatto ambientale. Questa metodologia innovativa sta cambiando il modo in cui concepiamo la coltivazione e potrebbe diventare una risposta efficace alla crescente necessità di produrre di più con meno risorse.

È importante sottolineare che questo libro non può fornire tutte le risposte dettagliate per ciascuna coltura o tecnica agricola menzionata, poiché ogni contesto richiede un approfondimento specifico. Tuttavia, speriamo che le informazioni e gli spunti presentati abbiano gettato le basi per ulteriori ricerche e sperimentazioni, incoraggiando gli agricoltori a esplorare il potenziale delle colture redditizie in modo consapevole e informatico.

La transizione verso un'agricoltura più sostenibile e redditizia richiede impegno, dedizione e un costante desiderio di apprendere e innovare. L'agricoltura è un settore in costante evoluzione e il successo risiede nella capacità di adattarsi ai cambiamenti, rimanendo allineati con le esigenze dei consumatori e le tendenze di mercato.

In conclusione, ci auguriamo che questo libro abbia fornito un punto di partenza significativo per coloro che intendono intraprendere un percorso verso un'agricoltura più prospera, sostenibile ed efficiente. L'agricoltura redditizia del futuro si baserà su fondamenta solide di ricerca, innovazione e consapevolezza ambientale. Con il giusto mix di passione e conoscenza, siamo certi che gli agricoltori di domani saranno in grado di generare un impatto positivo sulla salute del pianeta e sul loro portafoglio, contribuendo a costruire un futuro migliore per tutti.